Josef Hoffmann, Robert Kessler

MATLAB / Simulink Unwucht-Experimente

GRIN Verlag

Bibliografische Information der Deutschen Nationalbibliothek:

Die Deutsche Bibliothek verzeichnet diese Publikation in der Deutschen National-
bibliografie; detaillierte bibliografische Daten sind im Internet über http://dnb.d-
nb.de/ abrufbar.

Impressum:

Copyright © 2005 GRIN Verlag GmbH
Druck und Bindung: Books on Demand GmbH, Norderstedt Germany
ISBN: 978-3-640-13417-5

Dieses Buch bei GRIN:

http://www.grin.com/de/e-book/109818/matlab-simulink-unwucht-experimente

GRIN - Your knowledge has value

Der GRIN Verlag publiziert seit 1998 wissenschaftliche Arbeiten von Studenten, Hochschullehrern und anderen Akademikern als eBook und gedrucktes Buch. Die Verlagswebsite www.grin.com ist die ideale Plattform zur Veröffentlichung von Hausarbeiten, Abschlussarbeiten, wissenschaftlichen Aufsätzen, Dissertationen und Fachbüchern.

Besuchen Sie uns im Internet:

http://www.grin.com/

http://www.facebook.com/grincom

http://www.twitter.com/grin_com

MATLAB/Simulink Unwucht-Experimente

Josef Hoffmann, Robert Kessler

August 2005

Inhaltsverzeichnis

Kapitel 1

Einführung

In der Technik gibt es viele Anwendungen in denen die Effekte der Unwucht gewünscht sind und ebenso viele oder mehr bei denen die Effekte der Unwucht zu vermeiden sind. Die Unwucht wird z.B. bei Förderbändern eingesetzt, um das Material zu rütteln und zu bewegen. Nicht erwünscht sind die Effekte der Unwucht in vielen Maschinen mit Kreisbewegungen wie Turbinen, Pumpen etc. [1], [2], [3], [4].

Auch im alltäglichen Leben will man z.B. unerwünschte Schwingungen wegen der Unwuchtmassen der Räder eines PKWs vermeiden, oder das Rütteln der Waschmaschine beim Schleudern so weit wie möglich unterdrücken.

Die mathematischen Modelle dieser Systeme sind alle nichtlineare Differentialgleichungen, die analytisch nicht lösbar sind. Bei veränderlicher Drehfrequenz des Motors mit Unwucht beim Anlauf oder Auslauf, entstehen Effekte die ebenfalls analytisch nicht ermittelt werden können. Man kann somit solche sehr wichtige Anwendungen nur durch Simulation untersuchen und dafür bietet sich die in der Industrie und Lehre sehr verbreitete Softwarefamilie MATLAB/Simulink an [5].

Der vorliegende Text beschreibt Simulationen mit diesem Werkzeug für zwei Unwuchtsysteme, die man leicht auf konkrete Anwendungen übertragen kann. Im ersten einführenden, didaktischen, einfachen Fall wird der Synchronisationseffekt einer oszillierenden Platte auf einem Gleichstrom-Motor mit Unwuchtmasse, der auf der Platte befestigt ist und hochgefahren (Anlaufzustand) oder runtergefahren (Auslaufzustand) wird, untersucht. Unter bestimmten Bedingungen kann der Motor nicht die Drehzahl erreichen, die er auf der ruhenden Platte erreichen würde und seine Drehfrequenz bleibt bei der Frequenz der Schwingung der Platte hängen oder überschreitet diese und wird ein Generator.

Im zweiten Fall wird ein ähnlicher Effekt untersucht, der auftreten kann, wenn auf einem Feder-Masse-System ein Motor oder zwei Motoren mit Unwucht angebracht sind. Zwar regen erwartungsgemäß die rotierenden Fliehkräfte das Feder-Masse-System zu Schwingungen an, aber überaschenderweise kommt ein Motor oder beide Motoren unter ungünstigen Bedingungen nicht über die Resonanzfrequenz des Feder-Masse-Systems hinaus. Die Drehfrequenz synchronisiert sich mit der Schwingungsfrequenz bei Resonanz und die Fliehkraft bewirkt riesige Schwingungsamplituden [6].

Ist die Unwucht klein genug, sind die Schwingungen genügend gedämpft oder sind die Motoren stark genug, dann ergeben sich ebenfalls Schwingungen, die Motoren schaffen es aber, über die Schwingungsfrequenz hinauszulaufen und diejenige Drehfrequenzen zu erreichen, die sie auch bei fest eingespannten Motoren erreichen würden.

Bei den früheren Haushalt-Wäscheschleudern trat dieser Synchronisationseffekt eigentlich jedes mal auf, wenn die nasse Wäsche geschleudert werden sollte. Die Schwingungsamplituden waren so groß, dass die Schleuder-Trommel an die Gehäusewand anschlug. Erst nach Umordnen der Wäschestücke (und damit Verringerung der Unwucht) konnte der Motor über die Resonanzfrequenz hinaus laufen und den eigentlichen Schleudereffekt bewirken.

Kapitel 2

Unwucht-Motor auf oszillierender Platte

In diesem Kapitel wird der erste Fall des Unwucht-Motors auf oszillierender Platte untersucht. Zuerst wird das Modell des Gleichstrom-Motors ermittelt und mit einigen Simulationen wird sein Verhalten erläutert [6]. Danach wird das Modell des Unwucht-Motors auf oszillierender Platte aufgebaut und untersucht.

2.1   Modell eines Gleichstrom-Motors

In den Untersuchungen werden Gleichstrom-Motoren eingesetzt, weil sie relativ einfach und verständlich zu beschreiben sind. Nach der Erfahrung mit diesen Motoren kann man auch für andere Motortypen ähnliche Modelle bilden.

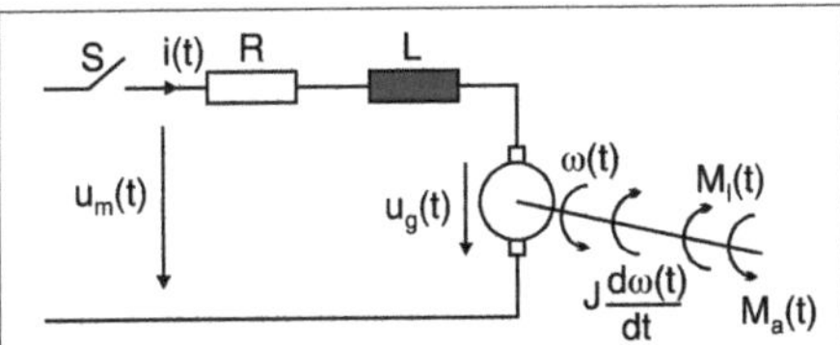

Abb. 2.1: *Modell eines Gleichstrom-Motors*

Abb. 2.1 zeigt das Modell eines Gleichstrom-Motors, wobei durch $u_m(t), u_g(t)$ die angelegte und die interne induzierte Spannung bezeichnet wird. Der Strom $i(t)$ ist somit durch folgende Differentialgleichung mit den Spannungen verbunden:

$$u_m(t) = i(t)R + L\frac{di(t)}{dt} + u_g(t) \tag{2.1}$$

In vielen Fällen kann man die Induktivität vernachlässigen, was im Weiteren auch hier angenommen wird ($L \cong 0$). Die induzierte Spannung $u_g(t)$ wegen der Kreisbewegung ist durch

$$u_g(t) = k_g\omega(t) \tag{2.2}$$

gegeben, wobei k_g die *Generator-Konstante* ist.

Der Motor erzeugt ein aktives Drehmoment $M_a(t)$, das proportional zum Strom $i(t)$ ist:

$$M_a(t) = k_m i(t) \tag{2.3}$$

Die *Motor-Konstante* k_m ist gleich der *Generator-Konstante* k_g und das ergibt sich aus dem Energie- oder Leistungserhaltungssatz im stationären Zustand. Die mechanische Energie $t M_a(\infty)$ muss gleich der elektrischen Energie $t u_g(\infty)i(\infty)$ sein:

$$t M_a(\infty)\omega(\infty) = t k_m i(\infty)\omega(\infty) = t u_g(\infty)i(\infty) = t k_g\omega(\infty)i(\infty) \tag{2.4}$$

Daraus folgt die Gleichheit der Konstanten k_m und k_g ($k_m = k_g$).

Dem aktiven Drehmoment widersetzt sich das Trägheitsdrehmoment $J\frac{d\omega(t)}{dt}$ und das Belastungsmoment $M_l(t)$. Das letztere kann von einer gegebenen Belastung hervorgehen oder wie hier weiter angenommen wird, besteht es aus Reibungsmomente:

$$M_l(t) = r_{gl} sig(\omega(t)) + r_v\omega(t) + r_t\omega(t)abs(\omega(t)) \tag{2.5}$$

Der erste Term stellt das Drehmoment wegen der Gleitreibung dar, der zweite Term ist das Drehmoment wegen der viskose Reibung und schließlich stellt der dritte Term das Drehmoment wegen der turbulenten Reibung dar, wie sie z.B. von einem Lüfter hervorgeht. Das Gleichgewicht der Drehmomente führt zu folgender Differentialgleichung:

$$J\frac{d\omega(t)}{dt} = M_a(t) - M_l(t) = k_g i(t) - [r_{gl} sig(\omega(t)) + r_v\omega(t) + r_t\omega(t)abs(\omega(t))] \tag{2.6}$$

Diese Differentialgleichung zusammen mit der Differentialgleichung, die von der elektrischen Seite hervorgeht (Gl. (2.1)), bilden das mathematische Modell des Gleichstrom-Motors. Das Simulink-Modell (`dc_motor1.mdl`) ist relativ leicht aufzubauen (Abb. 2.2). Es wird angenommen, dass die Kreisbeschleunigung $d\omega(t)/dt$ bekannt ist. Durch eine Integration mit Block *Integrator* wird die Kreisgeschwindigkeit $\omega(t)$ erhalten. Jetzt stehen viele Variablen zu Verfügung mit deren Hilfe die zuvor als bekannt angenommene Kreisbeschleunigung $d\omega(t)/dt$ gebildet werden kann.

Mit dem Block *Fcn* wird das Belastungsdrehmoment M_l laut Gl. (2.5) gebildet. Wenn die Induktivität L des Motors vernachlässigt wird, dann ergibt sich aus Gl. (2.1) der Strom aus einer algebraischen Gleichung statt Differentialgleichung:

$$i(t) = \frac{u_m(t) - u_g(t)}{R} \tag{2.7}$$

Als Quelle für die Eingangsspannung des Motors $u_m(t)$ wird eine konstante Spannung u_0 angenommen, die zu einem bestimmten Zeitmoment angelegt wird und danach durch öffnen des Eingangskreises mit $i(t) = 0$ entfernt wird. Das geschieht mit Hilfe des Blocks *Fcn1* und des *Product*-Blocks. Die wichtigsten Signale werden in der Senke *Out1* eingefangen und man kann sie auch auf dem *Scope*-Block sichten.

Die Gleitreibung, hier über das Gleitreibungsmoment $r_{gl} sign(\omega(t)$ eigeführt, bringt immer Schwierigkeiten in der numerischen Integration, die in den Simulink-Modellen für den *Solver* benutzt wird. Abb. 2.3 zeigt die Signale der Senke *Out1*. Zuletzt, wenn $\omega(t)$ sehr klein ist, dann entstehen die Fehler, die im Bild schwarz gezeigt sind. Hier müsste $\omega(t)$ gleich null sein.

In diesem Modell wird die Simulation mit *Typ: Variable-step* und *Solver:ode23 (Bogacki-Shampine)* initialisiert. Eine Lösung dieses Problems ist im Modell `dc_moto2.mdl` gezeigt (Abb. 2.4). In dem *Fcn2*-Funktionsblock wird ermittelt, ob die Kreisgeschwindigkeit $\omega(t)$ unter den sehr kleinen Wert $1e^{-16}$ gelangt und wenn dieser Fall eintritt, wird

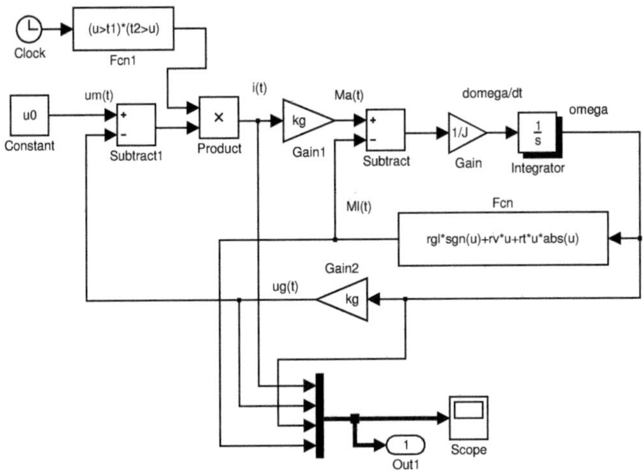

Abb. 2.2: *Simulink-Modell des Gleichstrom-Motors mit Gleitreibung*
(dc_motor1.mdl, dc_motor_1.m)

sie auf null gesetzt, weil die Abfrage so gestaltet ist (`(u>1e-16)*u`). Abb. 2.5 zeigt jetzt
den korrekten Verlauf von $\omega(t)$ nachdem die Kreisgeschwindigkeit abgeklungen ist. Eine andere Lösung besteht darin, mit einem *Solver* mit fester Integrationsschrittweite zu
arbeiten.

Das Vorhandensein der Gleitreibung (mit allen anderen Reibungsarten auf null gesetzt) ist durch die lineare Abnahme von $\omega(t)$ bzw. der induzierten Spannung $u_g(t)$ zu
erkennen. Der Motor arbeitet jetzt als Generator im Leerlauf ($i(t) = 0$). So lange $\omega(t) > 0$
und der Zeitursprung an dem Ausschaltmoment angenommen wird, gilt die Differentialgleichung:

$$J\frac{d\omega(t)}{dt} = -r_{gl} \tag{2.8}$$

Sie hat eine einfache Lösung

$$\omega(t) = \omega(0) - \frac{r_{gl}}{J}t, \tag{2.9}$$

die man in der Praxis zum Messen des Faktors r_{gl} benutzen kann.

Das Modell `dc_motor1` wird im Programm `dc_motor_1.m` initialisiert und aufgerufen. Das Programm ist relativ einfach gehalten, um es leichter zu verstehen. Es beginnt mit der Initialisierung der Parameter des Modells `t1`, `t2`, `tmax`, `kg`, `R`, `...`
etc. Danach wird mit der Variablen `my_options` festgelegt, dass nur die Variablen der
Senke *Out1* und die Zeit `t` und nicht die Zustandsvariablen `x` gespeichert werden.

Der Aufruf der Simulation geschieht mit der Funktion `sim`. Nach der Simulation
stehen in dem Feld `y` die gewünschten Größen $i(t), u_g(t), \omega(t)$ und $M_l(t)$ und zusätz-
lich ist in der MATLAB-Umgebung (im Kommando-Fenster) die Zeit in der Variablen `t`
gegeben.

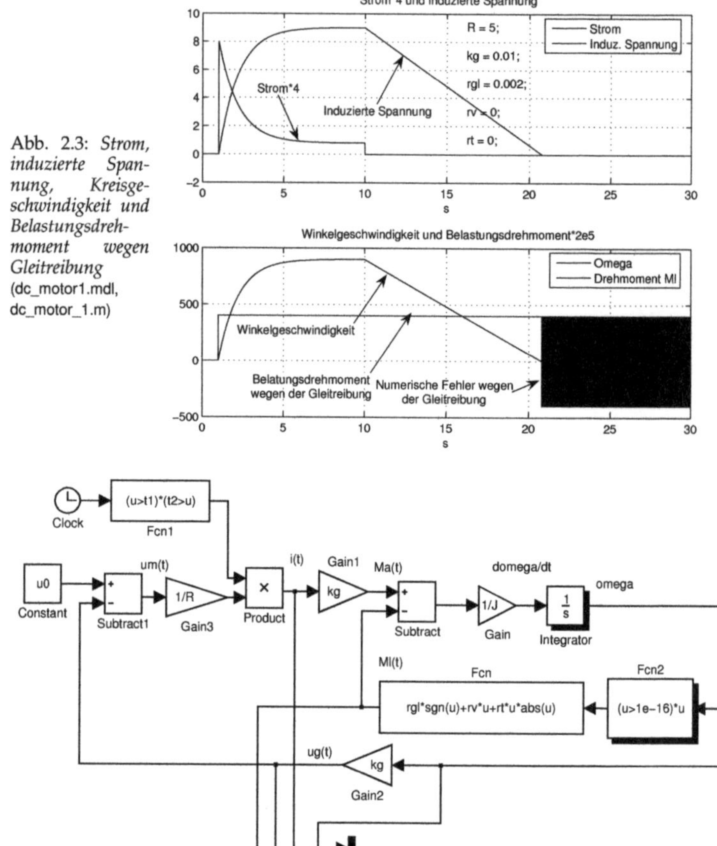

Abb. 2.3: *Strom, induzierte Spannung, Kreisgeschwindigkeit und Belastungsdrehmoment wegen Gleitreibung* (dc_motor1.mdl, dc_motor_1.m)

Abb. 2.4: *Simulink-Modell des Gleichstrom-Motors mit Gleitreibung und Vermeidung der Fehler* (dc_motor2.mdl, dc_motor_2.m)

```
% Programm dc_motor_1 zur Initialisierung des Modells
% dc_motor1.mdl und zur Durchführung der Simulation
```

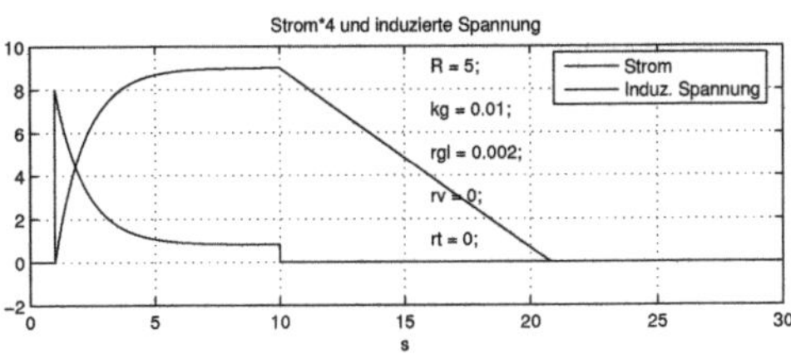

Abb. 2.5: *Strom, induzierte Spannung, Kreisgeschwindigkeit und Belastungsdrehmoment wegen Gleitreibung (ohne Fehler)*
(dc_motor2.mdl, dc_motor_2.m)

```matlab
clear;      format compact;
% -------- Parameter des Modells
Bild = 1;
t1 = 1;         t2 = 10;      tmax = 30;
kg = 0.01;      R = 10;
rgl = 0.002;    rv = 0;       rt = 0;
u0 = 10;        J = 2.4e-5;

% -------- Aufruf der Simulation
my_options = simset('OutputVariables','ty');
[t,x,y] = sim('dc_motor1',[0,tmax]);

% -------- Die Variablen aus dem Feld y
% y(:,1) = i(t) Strom
% y(:,2) = ug(t) Induzierte Spannung
% y(:,3) = omega(t) Winkelgeschwindigkeit
% y(:,4) = Ml(t) Belastungsdrehmoment

figure(Bild);
subplot(211), plot(t,[y(:,1), y(:,2)]);
title('Strom und induzierte Spannung');
xlabel('s');    grid;
%legend('Strom','Induz. Spannung');

subplot(212), plot(t,[y(:,3), y(:,4)*2e5]);
title('Winkelgeschwindigkeit und Belastungsdrehmoment');
xlabel('s');    grid;
%legend('Omega','Drehmoment Ml');
% ------- Parameter im Bild eintragen
```

```
SR = ['R = ',num2str(R),';   '];      % Zahlenwert von R etc
Skg = ['kg = ',num2str(kg),';   '];
Srgl = ['rgl = ',num2str(rgl),';   '];
Srv = ['rv = ',num2str(rv),';   '];
Srt = ['rt = ',num2str(rt),';   '];

gtext({SR,' ', Skg,' ' ,Srgl,' ' ,Srv,' ' ,Srt});      % Platziert die
% Parameter im Bild mit der Maus
```

Über den Befehl **gtext** werden die Werte der Parameter in den graphischen Darstellungen an die Stelle, die man mit dem Fadenkreuz der Maus wählt, platziert. Das Programm wartet, dass man mit der Maus im graphischen Fenster klickt und somit die Parameter wie in den gezeigten Abbildungen einträgt.

Das Modell `dc_motor2.mdl` wird aus einem ähnlichen Programm (`dc_moto_2.m` initialisiert und aufgerufen.

Abb. 2.6: *Strom, induzierte Spannung, Kreisgeschwindigkeit und Belastungsdrehmoment wegen viskose Reibung* (dc_motor3.mdl, dc_motor_3.m)

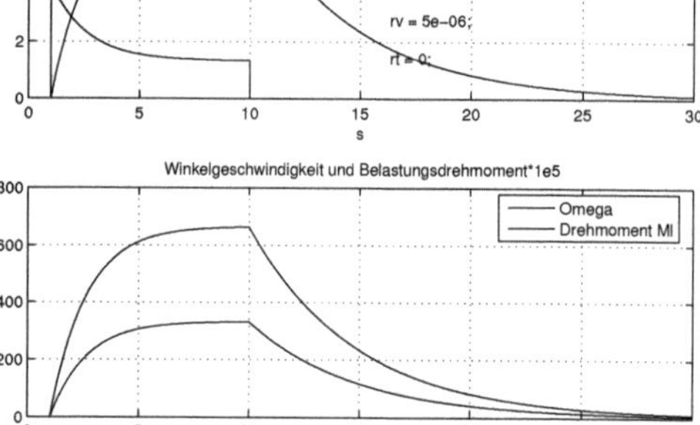

Wenn nur die viskose Reibung angenommen wird, dann erhält man die Ergebnisse aus Abb. 2.6. Der Auslauf, eingeleitet durch das Unterbrechen des Stroms, z.B. bei t = 10 s, ist durch folgende Differentialgleichung beschrieben:

$$J\frac{d\omega(t)}{dt} = -r_v\omega(t),\tag{2.10}$$

die eine Lösung der Form

$$\omega(t) = \omega(0)e^{-tr_v/J}\tag{2.11}$$

ergibt. Der Zeitursprung wurde wieder an die Stelle des Abschaltens versetzt und die Anfangskreisgeschwindigkeit mit $\omega(0)$ bezeichnet. Dieser Auslauf in Form einer Exponentialfunktion kann für die praktische Bestimmung des Faktors r_v eingesetzt werden.

Der letzte Fall der hier noch gezeigt ist, beinhaltet ein Belastungsdrehmoment wegen turbulenter Reibung. Abb. 2.7 zeigt die Verläufe der Variablen. Beim Auslauf mit Strom

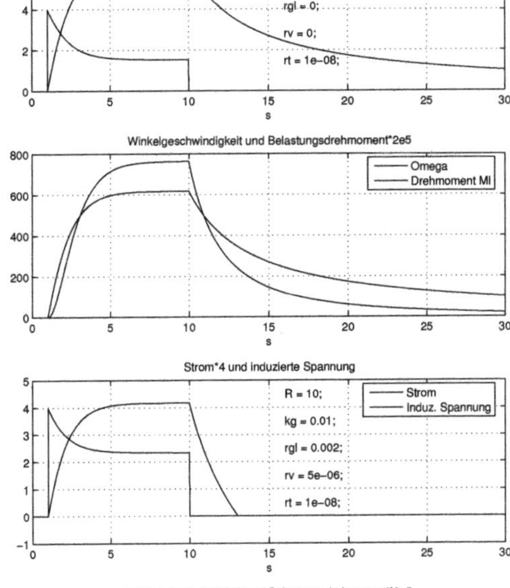

Abb. 2.7: *Strom, induzierte Spannung, Kreisgeschwindigkeit und Belastungsdrehmoment wegen turbulenter Reibung* (dc_motor3.mdl, dc_motor_3.m)

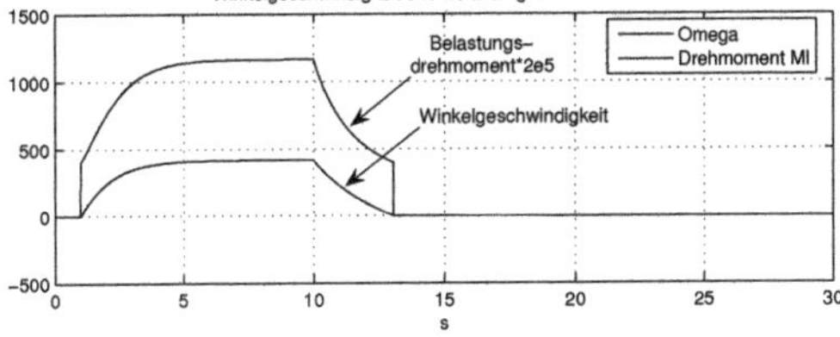

Abb. 2.8: *Strom, induzierte Spannung, Kreisgeschwindigkeit und Belastungsdrehmoment wegen alle Typen Reibungen* (dc_motor3.mdl, dc_motor_3.m)

null klingt am Anfang $\omega(t)$ sehr stark ab und bei niedrigere Kreisgeschwindigkeit geht der Verlauf praktisch in eine lineare Funktion über.

Die Differentialgleichung dieses Auslaufs ist:

$$J\frac{d\omega(t)}{dt} = -r_t\omega(t)abs(\omega(t))$$ (2.12)

Sie ist eine nichtlineare Differentialgleichung, die analytisch relativ einfach zu lösen ist. Für den Bereich $\omega(t) > 0$ erhält man:

$$\omega(t) = \frac{1}{\dfrac{r_t}{J}t + \dfrac{1}{\omega(0)}}, \quad \text{für} \quad t > 0$$ (2.13)

Jeder zusätzliche Term z.B. durch eine zusätzliche Reibung, erschwert erheblich die analytische Lösung. In der Simulation gibt es keine Probleme und man kann die normalen, numerischen Integrationsverfahren (wie Runge-Kutta, etc.) einsetzen.

Abb. 2.8 zeigt die Verläufe der Variablen für den Fall, dass alle Typen von Reibungen vorhanden sind. Der Sprung in dem Belastungsdrehmoment (Abb. 2.8 unten) entsteht wegen der Gleitreibung.

2.2 Unwucht-Motor auf oszillierender Platte

Es wird am Anfang ein einfaches Modell eines Unwuchtsystems untersucht, das aus einem Gleichstrom-Motor mit Unwucht besteht, der auf einer oszillierenden Platte angebracht ist. Abb. 2.9 zeigt eine Skizze des Unwuchtsystems.

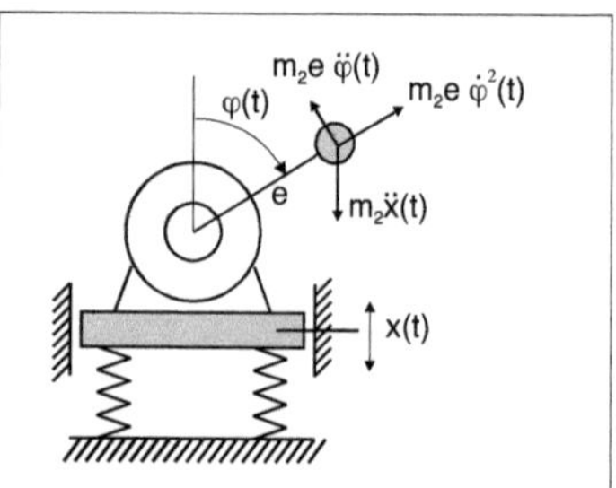

Abb. 2.9: *Skizze eines einfachen Unwuchtsystems*

Es wird angenommen, die Platte oszilliert und die relative Lage zum statischen Gleichgewicht $x(t)$ ist durch

$$x(t) = x_a sin(2\pi f t)$$ (2.14)

gegeben, wobei f die Frequenz ist und x_a stellt die Amplitude dar. Daraus resultiert die Beschleunigung der Platte:

$$\ddot{x}(t) = -4(\pi f)^2 x_a sin(2\pi f t)$$ (2.15)

Wenn die Winkelbeschleunigung $\ddot{\varphi}(t)$ vernachlässigt wird, erhält man folgende Differentialgleichung für die Drehbewegung des Motors:

$$J\frac{d\omega(t)}{dt} = k_g\, i(t) + m_2 e\, \ddot{x}(t)sin(\varphi(t)) - [r_v\omega(t) + r_{gl}sign(\omega(t))]$$ (2.16)

Mit $u_n = m_2 e$ wurde die Unwucht des Motors bezeichnet und die letzten Termen stellen die Drehmomente wegen der viskosen und turbulenten Reibung dar.

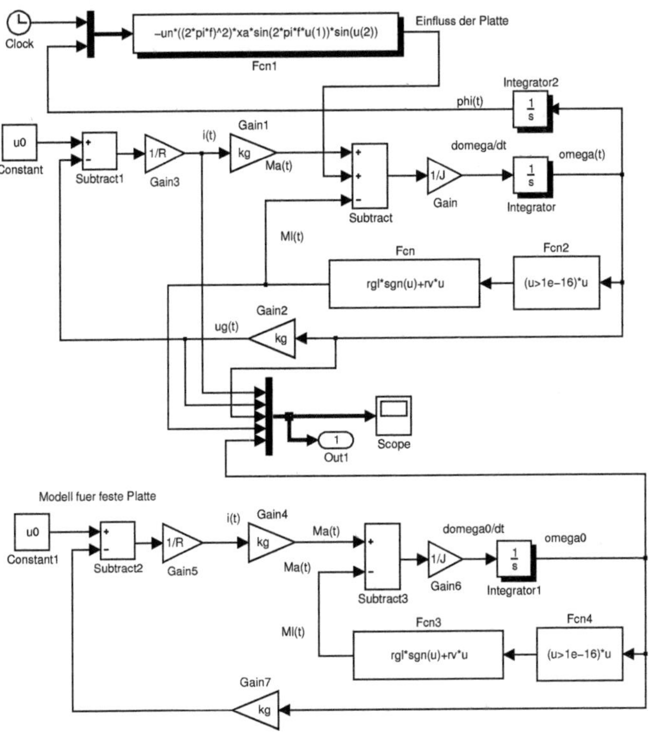

Abb. 2.10: *Simulink-Modell des Unwucht-Motors mit oszillierender Platte* (unwucht_platte1.mdl, unwucht_platte_1.m)

Das Simulink-Modell (Abb. 2.10) ist ähnlich, wie das Modell des einfachen Gleichstrom-Motors aus Abb. 2.4 aufgebaut. Es kommt noch die Beeinflussung wegen der oszillierenden Platte hinzu, die im *Fcn1*-Block ganz oben nachgebildet ist und stellt den zweiten Term auf der rechten Seite der Gl. 2.16 dar:

$$m_2 e\, \ddot{x}(t) sin(\varphi(t)) = -u_n (2\pi f)^2 x_a\, sin(2\pi ft) sin(\varphi(t)) \tag{2.17}$$

Um die Kreisgeschwindigkeit des Motors auf der oszillierenden Platte mit der Kreisgeschwindigkeit desselben Motors, der auf einer fixen (ruhenden) Platte befestigt ist, zu vergleichen, wird im unteren Teil das Modell des Motors auf der fixen Platte ebenfalls aufgebaut.

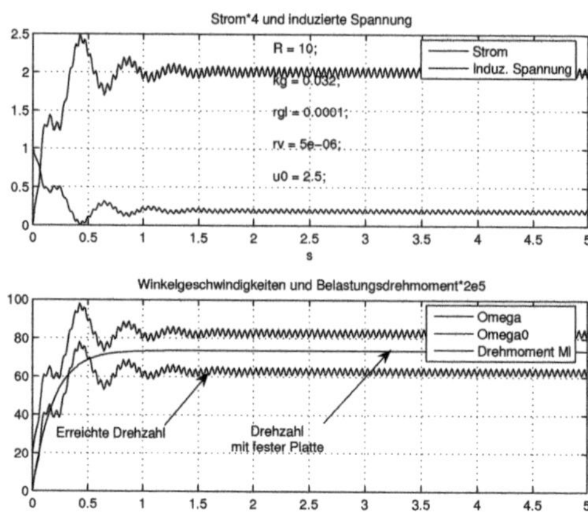

Abb. 2.11: *Strom, induzierte Spannung, ideale und erreichte Kreisgeschwindigkeit und Belastungsdrehmoment für f = 10 Hz, J =1,99e-5, un = 2.5e-4* (unwucht_platte1.mdl, unwucht_platte_1.m)

Das Modell wird im Programm `unwucht_platte_1.m` initialisiert und aufgerufen. Im erzeugten Bild werden einige Parameter der Simulation mit der Maus über den Befehl **gtext** eingetragen, was man nicht vergessen soll, weil das Programm das erwartet.

Abb. 2.11 zeigt die Variablen, für eine relativ kleine Spannung $u_0 = 2,5$ V des Motors. Der Motor synchronisiert sich mit der oszillierenden Platte und erreicht nicht die Kreisgeschwindigkeit des Motors von der fixen Platte. Mit $u_0 = 4$ V sind die zwei Kreisgeschwindigkeiten im Mittel gleich und die des Motors auf der oszillierenden Platte schwankt stark.

Unter bestimmten Bedingungen (Parameter) wird der Motor beschleunigt und erreicht eine größere Kreisgeschwindigkeit als der Motor auf der fixen Platte. Die induzierte Spannung ist größer als die angelegte Spannung und der Motor wird ein Generator. Man sieht das deutlich im Stromverlauf, der negativ wird (Abb. 2.12). Die Platte oszilliert mit einer Frequenz $f = 32$ Hz, und die gewünschte Kreisgeschwindigkeit ist $\omega_0 \cong 150$ rad/s, was einer Frequenz von $f_0 \cong 24$ Hz entspricht.

Die Situation ist noch interessanter, wenn angenommen wird, dass die angelegte Spannung des Motors langsam ansteigt, z.B. nach einer Differentialgleichung erster Ordnung der Form

$$T_m \frac{du_m(t)}{dt} + u_m(t) = u_0, \tag{2.18}$$

die leicht zu simulieren ist.

Die Gefahr einer Synchronisierung steigt wenn die Zeitkonstante T_m groß wird und der Anlauf langsam ist.

Abb. 2.13 stellt das Simulink-Modell für die oben gezeigte Differentialgleichung dar. Die Spannung $u_m(t)$ steigt exponentiell zum Endwert u_0 mit einer Zeitkonstante T_m.

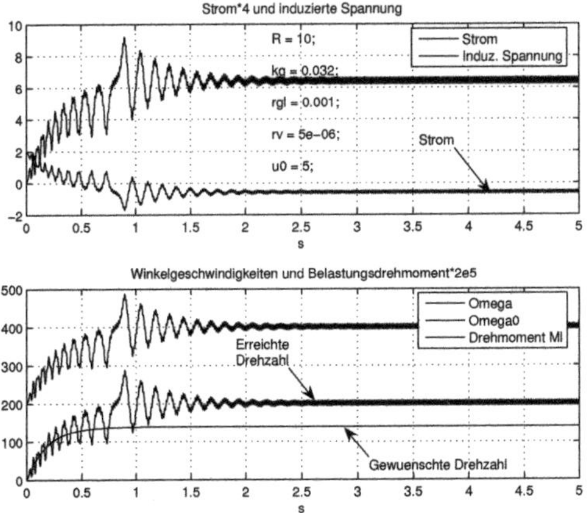

Abb. 2.12: *Strom, induzierte Spannung, ideale und erreichte Kreisgeschwindigkeit und Belastungsdrehmoment für f = 32 Hz, J =1,99e-5, un = 2.5e-4* (unwucht_platte1.mdl, unwucht_platte_1.m)

Abb. 2.13: *Simulink-Modell für eine Anlaufspannung* (spannung_anl.mdl)

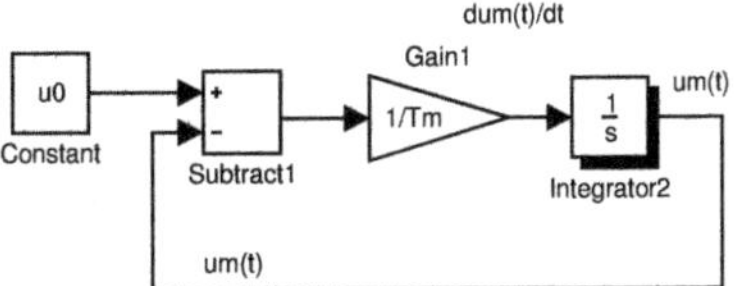

Es wird dem Leser überlassen die gezeigten Modelle zu erweitern und neue Experimente durchzuführen. Man könnte z.B. die Spitzenwerte des Stroms begrenzen in der Annahme, dass die Quelle für die Eingangsspannung diese Begrenzung einführt. Dafür ist der Block *Saturation* aus der Simulink-Unterbibliothek *Library:simulink/Discontinuities* geeignet und muss im Modell im Strompfad eingeführt werden.

Das gezeigte Modell kann einfach für den Auslaufzustand, wie im Modell für den Gleichstrom-Motor, erweitert werden.

Die physikalische Simulation mit einem Aufbau, das im letzten Kapitel beschrieben wird, bestätigt das gezeigte Verhalten, das über die Simulation ermittelt wurde. Die überlagerte Schwingung mit relativ hoher Frequenz, wie sie z.B. in Abb. 2.11 zu sehen ist, kommt von der Unwuchtkraft $m_2 e\ddot{x}(t)sin(\varphi)$ aus Gl. (2.16) bzw. Gl. (2.17). Der Anteil $sin(\varphi(t))$ stellt eine Schwingung der Frequenz f_1 dar und $\ddot{x}(t)$ bildet eine Schwingung der Frequenz f_2. Das Produkt führt zu einer Schwebung der Frequenz $f_1 - f_2$ und zu einer Schwingung der Frequenz $f_1 + f_2$, die den Anteil mit relativ hoher Frequenz ergibt.

Kapitel 3

Zwei Unwucht-Motoren auf Feder-Masse-System

3.1 Mathematisches Modell des Systems

Abb. 3.1 zeigt die Skizze des Feder-Masse-Systems mit zwei Unwucht-Motoren. Die Masse m_1 der Plattform kann sich nur rauf und runter bewegen und es kann somit angenommen werden, dass nur eine äquivalente Feder mit Federkonstante D und eine viskose Dämpfung mit Konstante r vorhanden sind.

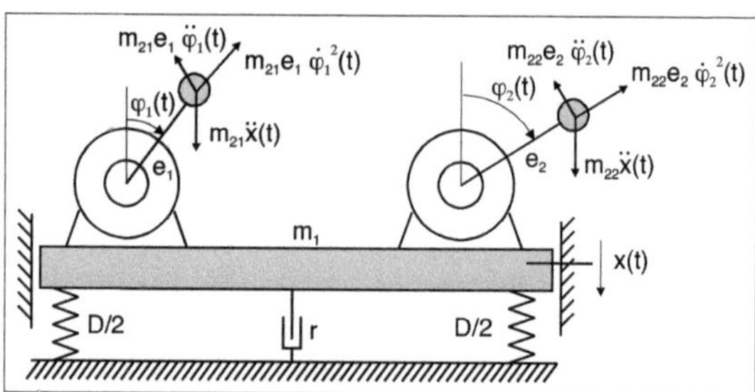

Abb. 3.1: *Skizze der Unwucht-Motoren auf Feder-Masse-System*

Für die zum Gleichgewichtzustand relative Bewegung der Plattform mit einer Gesamtmasse

$$m = m_1 + m_{21} + m_{22}, \tag{3.1}$$

ergibt sich eine Differentialgleichung der Form:

$$
\begin{aligned}
v(t) &= \frac{dx(t)}{dt} \\
m\frac{dv(t)}{dt} &= F_z(t) - Dx(t) - rv(t)
\end{aligned}
\tag{3.2}
$$

Mit $F_z(t) = F_{z1} + F_{z2}$ wird die Fliehkraft bezeichnet, die von den zwei Unwucht-Motoren hervorgeht und durch

$$F_z(t) = m_{21}e_1(\omega_1(t))^2 cos(\varphi_1) + m_{22}e_2(\omega_2(t))^2 cos(\varphi_2)$$
$$u_{n1}(\omega_1(t))^2 cos(\varphi_1) + u_{n2}(\omega_2(t))^2 cos(\varphi_2) \tag{3.3}$$

gegeben ist. Mit u_{n1}, u_{n2} wurden die Unwuchten der Motoren bezeichnet. Wie man sieht wurden die Winkelbeschleunigungen $\ddot{\varphi}_1(t), \ddot{\varphi}_2(t)$ vernachlässigt.

Für die Drehbewegung der Motoren ergeben sich folgende Differentialgleichungen:

$$\omega_1(t) = \frac{d\varphi_1(t)}{dt}$$
$$\omega_2(t) = \frac{d\varphi_2(t)}{dt}$$
$$J_1\frac{d\omega_1(t)}{dt} = k_{g1}i_1(t) + \frac{dv(t)}{dt}u_{n1}sin(\varphi_1(t)) - r_{gl}sign(\omega_1(t)) \tag{3.4}$$
$$J_2\frac{d\omega_2(t)}{dt} = k_{g2}i_2(t) + \frac{dv(t)}{dt}u_{n2}sin(\varphi_2(t)) - r_{gl}sign(\omega_2(t))$$

Die Ströme der Motoren in der Annahme, dass man ihre Induktivitäten vernachlässigen kann, sind durch

$$i_1(t) = (u_m(t) - k_{g1}\omega_1(t))/R_1$$
$$i_2(t) = (u_m(t) - k_{g2}\omega_1(t))/R_2 \tag{3.5}$$

gegeben, wobei durch $u_m(t)$ die angelegte Spannung bezeichnet ist. Um einen langsamen Anlauf und Auslauf nachzubilden, wird angenommen, dass die angelegte Spannung $u_m(t)$ durch eine Differentialgleichung der Form

$$T_m\frac{u_m(t)}{dt} + u_m(t) = u_0 \tag{3.6}$$

gegeben ist, wobei über die Zeitkonstante T_m die Steilheit der Änderung der Spannung $u_m(t)$ gesteuert wird. Sie kann relativ einfach in einem physikalischen Experiment über die Zeitkonstante der Ladung eines Kondensators realisiert werden.

3.2 Untersuchung des Systems mit Simulink-Modell

Die gezeigten Differentialgleichungen bilden das mathematische Modell des Systems, das jetzt in ein Simulink-Modell zu implementieren ist. Es gibt hier mehrere Möglichkeiten. Eine davon wäre über die Zustandsvariablen des Systems, deren Ableitungen durch einmal Integrieren, die Variablen ergeben, die notwendig sind, um diese Ableitungen zu bilden.

Eine zweite Form, die gewählt wurde, basiert auf die Beschleunigungen die als bekannt angenommen werden. Durch zweimal Integrieren erhält man ähnlich alle Variablen, die notwendig sind um diese Beschleunigungen zu bilden.

Die Simulink-Integratoren sind Blöcke die Vektoren (Variablen in Vektoren zusammengefasst) auch bearbeiten können. In diesem System erscheinen drei Beschleunigungen:

$$d\omega_1(t)/dt, d\omega_2(t)/dt \text{ und } dv(t)/dt$$

Man muss somit diese drei Beschleunigungen als Funktionen aller Variablen des Systems ausdrücken:

$$\frac{d\omega_1(t)}{dt} = [k_{g1}i_1(t) + \frac{dv(t)}{dt}u_{n1}sin(\varphi_1(t)) - r_{gl}sign(\omega_1(t))]/J$$

$$= [k_{g1}(u_m(t) - k_{g1}\omega_1(t))/R_1 + \frac{dv(t)}{dt}u_{n1}sin(\varphi_1(t)) - r_{gl}sign(\omega_1(t))]/J]$$

$$= F_1(u_m(t), \omega_1(t), \frac{dv(t)}{dt}, \varphi_1(t))$$

$$\frac{d\omega_2(t)}{dt} = [k_{g2}i_2(t) + \frac{dv(t)}{dt}u_{n2}sin(\varphi_2(t)) - r_{gl}sign(\omega_2(t))]/J$$

$$= [k_{g2}(u_m(t) - k_{g2}\omega_2(t))/R_2 + \frac{dv(t)}{dt}u_{n2}sin(\varphi_2(t)) - r_{gl}sign(\omega_2(t))]/J]$$

$$= F_2(u_m(t), \omega_2(t), \frac{dv(t)}{dt}, \varphi_2(t))$$

$$\frac{dv(t)}{dt} = [F_z(t) - Dx(t) - rv(t)]/m$$

$$= F_3(\omega_1(t), \varphi_1(t), \omega_2(t), \varphi_2(t), x(t), v(t))$$

$$(3.7)$$

Die Funktionen $F_1(...), F_2(...), F_3(...)$ werden in *Fcn*-Blöcken implementiert, nachdem die Beschleunigungen zweimal integriert werden. Abb. 3.2 zeigt das Simulink-Modell, das auf dieser Möglichkeit aufgebaut wurde.

Die Blöcke, die das Modell nachbilden sind mit Schatten hervorgehoben, es sind die zwei Integratoren und die Funktionsblöcke *Fcn1*, *Fcn2* und *Fcn3*. Die Eingangssignale dieser Blöcke immer mit `u(i)`, `i=1,2,...` bezeichnet, entsprechen den Variablen, die in den *Mux*-Blöcken zusammengefasst sind. So z.B. ist für den Block *Fcn1* die Spannung $u_m(t)$ die Variable `u(1)`, $\omega_1(t)$ ist `u(2)` etc. Die Funktionen der ersten zwei Funktionsblöcke laut der ersten zwei Gleichungen (3.7) werden somit als

```
(kg1*(u(1)-kg1*u(2))/R1+u(3)*un1*sin(u(4))-rgl*sgn(u(2)))/J
```

bzw.

```
(kg2*(u(1)-kg2*u(2))/R2+u(3)*un2*sin(u(4))-rgl*sgn(u(2)))/J
```

geschrieben. Die Ströme wurden hier explizit laut Gl. (3.5) ausgedrückt.

Der letzte Funktionsblock (*Fcn3*) hat am Eingang einen Vektor mit folgenden variablen: `u(1)` für $\omega_1(t)$; `u(2)` für $\varphi_1(t)$; `u(3)` für $\omega_2(t)$; `u(4)` für $\varphi_2(t)$; `u(5)` für $x(t)$ und schließlich `u(6)` für $v(t)$. Der Ausdruck dieses Blocks lautet somit:

```
(un1*(u(1)^2)*cos(u(2))+un2*(u(3)^2)*cos(u(4))-...
                      D*u(5)-rgl*sgn(u(6))/m
```

Auch hier wurden die Fliehkräfte $F_z(t) = F_{z1}(t) + F_{z2}(t)$ explizit laut Gl. (3.3) ausgedrückt.

Oben links im Modell ist die Differentialgleichung für die Spannung des Motors $u_m(t)$ dargestellt, die der Gl. (3.6) entspricht.

Die Signale an diversen Stellen im Modell werden in drei Senken vom Typ *Outport* (`Out1`, `Out2`, `Out3`) eingefangen und mit den *Scope*-Blöcken auch laufend gesichtet.

Die Anfangswerte der Zustandsvariablen $\omega_1(0), \omega_2(0)$ und $v(0)$ können im ersten Integrator des Modells eingegeben werden, während die Zustandsvariablen $\varphi_1(0), \varphi_2(0)$ und $x(0)$ im zweiten Integrator eingegeben werden.

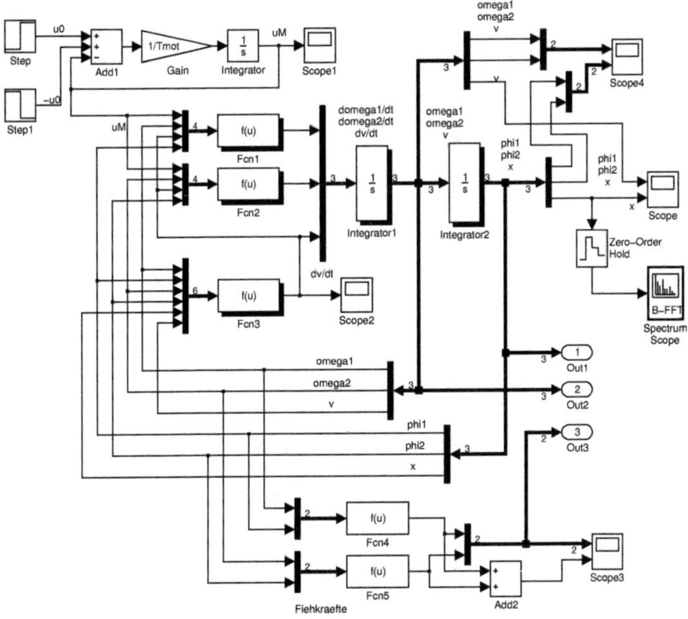

Abb. 3.2: *Simulink-Modell der Unwucht-Motoren auf Feder-Masse-System* (unwucht_2.mdl, unwucht_ini2.m)

Die Fliehkräfte werden in den unteren Funktionsblöcken *Fcn4, Fcn5* auch gebildet, um sie in der Senke *Out3* einzufangen für eine Darstellung über ein Programm. Mit Hilfe eines *Spectrum Scope* wird auch die Leistungsspektraldichte der Lage der Plattform ermittelt und dargestellt. Man kann so die wichtigsten Frequenzen der Lage $x(t)$ sichten.

Das Simulink-Modell wird über das Programm unwucht_ini2.m initialisiert und aufgerufen. Abb. 3.3 zeigt eines der Bilder (*figure*) die erzeugt werden. Die Parameter der Simulationen werden ebenfalls in diesem Bild aufgelistet. Für den konkreten Satz der Parameter aus diesem Bild, erreicht nur einer der Motoren die Endkreisgeschwindigkeit. Nach 5 Sekunden wird der Auslauf eingeleitet und die angelegte Spannung $u_m(t)$ klingt exponentiell ab.

In diesem Modell wird keine Gleitreibung für die Motoren angenommen und die Simulation wird mit variablen Integrationsschritte durchgeführt. Der Aufruf der Simulation geschieht über folgende Befehle:

```
% ------- Aufruf der Simulation
dt = 1/100;
my_options = simset('OutputVariables','ty','Solver','ode45');
```

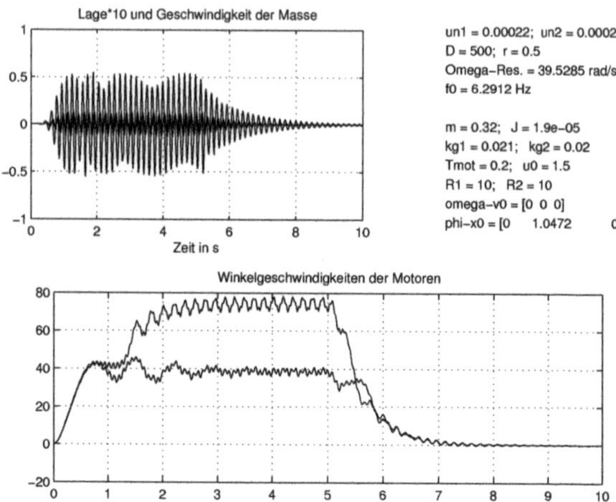

Abb. 3.3: *Variablen und Parameter des Modells* (unwucht_2.mdl, unwucht_ini2.m)

```
[t,x,ym] = sim('unwucht_2',[0:dt:10],my_options);   % Ergebnisse
           % mit fixer Schrittweite dt  für die FFT liefern
```

Mit `my_options` werden einige Optionen für das numerische Integrationsverfahren gesetzt. Als Ausgangsvariablen werden nur die Zeit t und die Variablen der Senken *Outport* Out1, Out2 und Out3 im Feld y ohne die Zustandsvariablen x gespeichert. Der *Solver* mit ode45 initialisiert entspricht dem Runge-Kutta-Verfahren 4,5 Ordnung und variabler Schrittweite.

Für diesen *Solver* möchte man die Variablen (Ergebnisse) aber an fixen Zeitmomenten (feste Schrittweite) geliefert haben, um z.B. eine spektrale Analyse mit Hilfe der FFT durchzuführen. Das wird durch die Form der Angabe für die Simulationszeit [0:dt:10] statt [0,10] im Befehl **sim** erzwungen.

Das bedeutet, die numerische Integration wird mit variabler Schrittweite, um die Toleranz zu sichern, durchgeführt, die Ergebnisse werden aber für die gewünschte Schrittweite (durch Interpolation) geliefert.

Wenn man auch Gleitreibung für die Motoren einbringt, bleibt diese numerische Integration beim Versuch den genauen Nulldurchgang der Variablen zu bestimmen, hängen. Als Lösung funktioniert hier nur eine Integration mit fixer Schrittweite. Das Modell unwucht_21.mdl erlaubt auch Gleitreibung und wird über unwucht_ini21.m initialisiert und aufgerufen.

Der Aufruf geschieht über folgende Programmsequenz:

```
% ------- Aufruf der Simulation
dt = 1/1000;      % Schrittweite für fixed-step Solver
my_options = simset('OutputVariables','ty','FixedStep',dt,...
    'Solver','ode3');
```

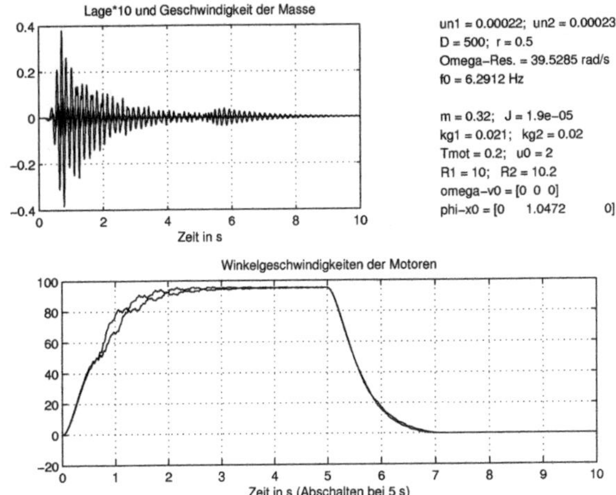

Abb. 3.4: *Variablen und Parameter des Modells mit Gleitreibung* (unwucht_21.mdl, unwucht_ini21.m)

```
[t,x,ym] = sim('unwucht_21',[0,10],my_options);     % Ergebnisse mit
           % fixer Schrittweite dt geliefert
```

Die Ergebnisse werden mit der fixen Schrittweite `dt` geliefert, die jetzt viel kleiner als vorher gewählt wurde.

Wenn Gleitreibung vorhanden ist, dann ist die ideale zu erreichende Kreisgeschwindigkeit, z.B. für den ersten Motor, aus der Gl. (3.7) mit $d\omega_1(t)/dt = 0, dvt/dt = 0$ zu erhalten. Aus

$$k_{g1}i_1(\infty) - r_{gl} = 0 \tag{3.8}$$

ergibt sich der stationäre Wert $\omega_1(\infty)$:

$$\omega_1(\infty) = \frac{k_{g1}u_0 - r_{gl}R_1}{k_{g1}^2} \tag{3.9}$$

und ähnlich auch für $\omega_2(\infty)$. Ohne Gleitreibung ($r_{gl} = 0$) ist die ideale, erreichbare Kreisgeschwindigkeit einfach durch

$$\omega_1(\infty) = \frac{u_0}{k_{g1}} \tag{3.10}$$

gegeben. Für die Parameter des Falls, der in Abb. 3.3 gezeigt ist, ohne Gleitreibung sind die zwei Grenzwerte:

$$\omega_1(\infty) = u_0/k_{g_{g1}} = 1,5/0,021 \cong 71 \text{ rad/s}$$

$$\omega_2(\infty) = u_0/k_{g_{g2}} = 1,5/0,02 \cong 75 \text{ rad/s}$$

Der zweite Motor erreicht nur $\cong$ 40 rad/s, was in der Nähe der Resonanzfrequenz des Feder-Masse-Systems liegt, die man aus

$$\omega_{res} = \sqrt{\frac{D}{m}} = \sqrt{\frac{500}{0,32}} = 39,52 \, \text{rad/s} \tag{3.11}$$

erhält. Der zweite Motor ist mit dem Feder-Masse-System synchronisiert und kann den gezeigten Grenzwert nicht erreichen.

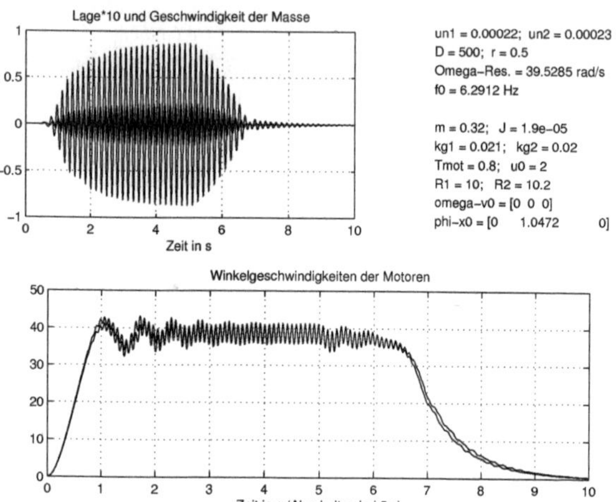

Abb. 3.5: *Variablen und Parameter des Modells ohne Gleitreibung und mit langsamen Anlauf* (unwucht_21.mdl, unwucht_ini21.m)

Abb. 3.4 zeigt die Ergebnisse bei einer Gleitreibung mit $r_{gl} = 0,0001$. Beide Motoren erreichen die Grenzkreisgeschwindigkeit laut Gl. (3.9) von $\cong$ 92,9 rad/s. Ohne Gleitreibung mit gleichen, restlichen Parametern, außer T_m der größer gewählt wird, synchronisieren sich die Motoren mit der Eigenfrequenz (Resonanzfrequenz) des Feder-Masse-Systems (Abb. 3.5) und bleiben bei einem Wert von $\cong$ 40 rad/s hängen. Mit steilerem Anlauf, bedingt durch $T_m = 0,2$, erreichen die Motoren wieder die idealen Endwerte der Kreisgeschwindigkeiten.

Der Vergleich des Verlaufs der Lage $x(t)$ des Feder-Masse-Systems aus Abb. 3.4 und Abb. 3.5 zeigt, dass im Falle der Synchronisierung das System mit relativ großer Amplitude schwingt.

In den Modellen (z.B. aus Abb. 3.2) sind auch *Spectrum Scope*-Blöcke am Signal $x(t)$, das die Lage des Feder-Masse-Systems darstellt, angeschlossen. Dieses Signal ist nur für einen relativen, kurzen Zeitintervall im stationären Zustand, so dass es schwer ist, zu sagen, welche Leistungsspektraldichte angezeigt wird.

Auch in den entsprechenden Programmen (`unwucht_ini2.m`, `unwucht_ini21.m`) wird aus dem Signal $x(t)$ die Leistungsspektraldichte mit der Funktion **pwelch** berechnet und dargestellt. Als Beispiel wird die Programmsequenz aus `unwucht_ini21.m` gezeigt:

```matlab
% ------- Spektrum der Lage
ysp = ym(1:10:end,6);        % Dezimierung Faktor 10
% von dt = 1/1000 auf dtsp = 1/100=fs
fs = 100;


[Pxx,f] = pwelch(ysp,[],[0],[256],fs);
%[Pxx,f] = pwelch(ysp(:,3),[],[],[],fs); % default

figure(3);      clf;
plot(f, 10*log10(Pxx));
xlabel('Hz');      grid;
ylabel('dB');
title('Leistungsdichte der Lage x');
La = axis;
if La(4) < 0
    posy = 1.2*La(4);
elseif La(4) == 0
    posy = -10;
else
    posy = La(4)*0.8;
end;
text(20, posy, ['fres = ',num2str(f0), ' Hz']);

frot1 = (kg1*u0-rg1*R1)/(2*pi*kg1^2);      % Ideale Drehfrequenz
text(20, posy - 10, ['frot1 = ',num2str(frot1), ' Hz']);
```

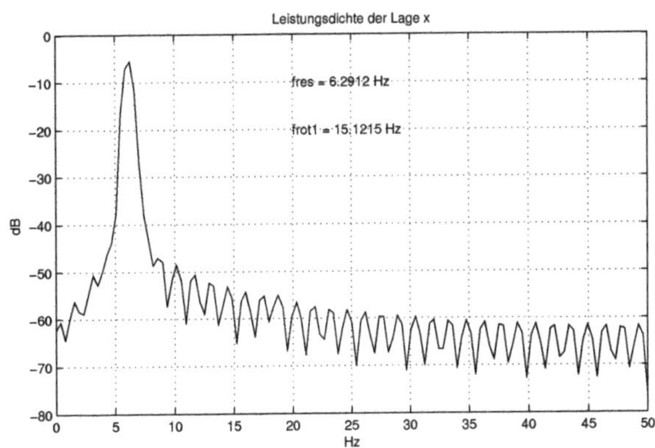

Abb. 3.6: *Leistungsspektraldichte der Lage bei synchronisierten Motoren* (unwucht_21.mdl, unwucht_ini21.m)

Da hier die Simulation mit einer sehr kleinen fixen Schrittweite von $dt = 1/1000$ (wegen der Gleitreibung) durchgeführt wird, werden die Daten mit Faktor 10 dezimiert, so dass man eine Abtastfrequenz von $f_s = 100$ Hz erhält. Für einen verlängerten stationären Zustand (z.B. bis 10 s und eine Gesamtzeit von 15 Sekunden) ist die berechnete Leistungsspektraldichte stabil und zeigt für den Fall, dass die Motoren sich mit der Eigenfrequenz des Feder-Masse-Systems synchronisieren, diese Frequenz (Abb. 3.6). Sie ist 6,2912 Hz und die ideale Drehfrequenz, die nicht erreicht wurde ist 15,1215 Hz.

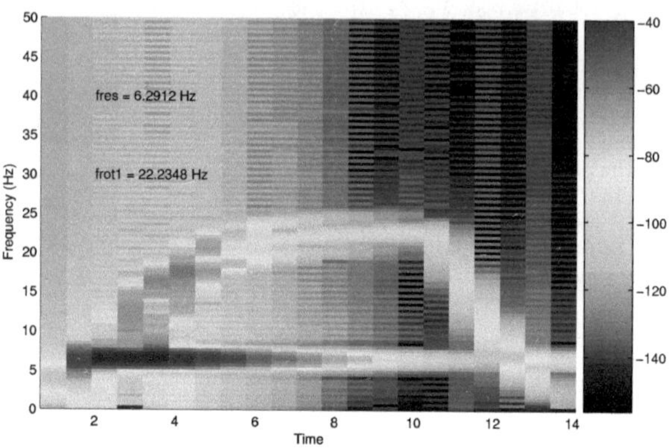

Abb. 3.7: *Spektrogramm der Lage wenn die Motoren hochfahren können* (unwucht_22.mdl, unwucht_ini22.m)

Das nicht stationäre Verhalten während des An- und Auslaufs könnte man mit einem Spektrogramm [7], das für kurze Abschnitte des Signals die FFT ermittelt, um die so genannte *Short-Time-Fourier-Transfomation* anzunähern. Im Programm `unwucht_ini22.m` wird das Modell `unwucht_22.mdl` initialisiert und aufgerufen, um aus den Lagewerten $x(t)$ das Spektrogramm zu ermitteln und darzustellen. Die entsprechende Sequenz des Programms ist:

```
figure(3);     clf;
spectrogram(ysp,128,64,256,fs,'yaxis');
colorbar;
posy = 40;        % Textposition in y-Richting
text(2, posy, ['fres = ',num2str(f0), ' Hz']);

frot1 = (kg1*u0-rg1*R1)/(2*pi*kg1^2);
text(2, posy - 10, ['frot1 = ',num2str(frot1), ' Hz']);
```

Abb. 3.7 zeigt das Spektrogramm für die Simulation mit Parametern, die zum Verhalten geführt haben, das in Abb. 3.8 gezeigt ist. Die Motoren synchronisieren sich am Anfang mit der Eigenfrequenz der Plattform und danach erreichen sie die ideale Drehfrequenz. Im Spektrogramm ist die Eigenfrequenz von 6,2912 Hz praktisch durchgehend erkennbar mit höheren Werten am Anfang. Danach sieht man kleinere Anteile der idealen Drehfrequenz, in diesem Fall von 22,2348 Hz. Die Motoren synchronisieren sich

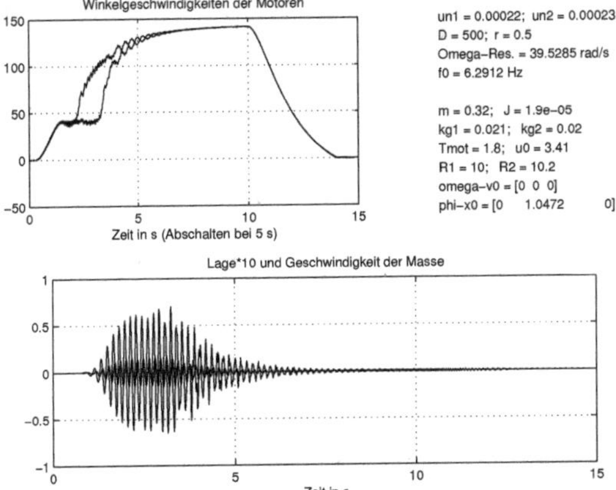

Abb. 3.8: *Winkelgeschwindigkeiten der Motoren und Lage bzw. Geschwindigkeit des Feder-Masse-Systems* (unwucht_22.mdl, unwucht_ini22.m)

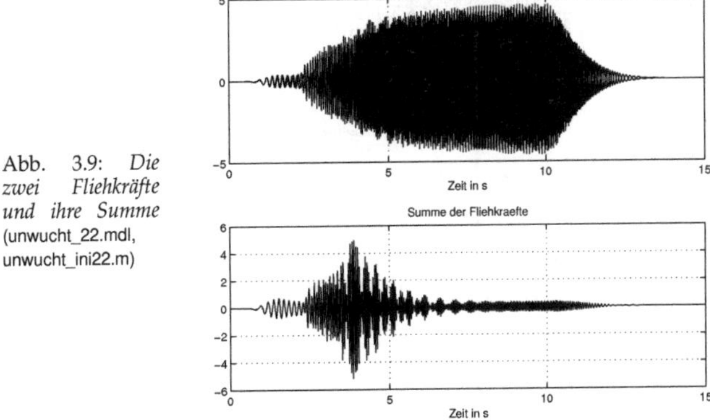

Abb. 3.9: *Die zwei Fliehkräfte und ihre Summe* (unwucht_22.mdl, unwucht_ini22.m)

jetzt auf diese Drehfrequenz und bilden Fliehkräfte die entgegengesetzt wirken und die Plattform des Feder-Masse-Systems nur wenig rütteln. Das ist deutlich in Abb. 3.8 unten im Intervall $t > 5$ zu erkennen. Der Auslauf beginnt hier bei $t = 10$ Sekunden.

Abb. 3.9 zeigt oben die zwei Fliehkräfte und unten deren Summe. Am Anfang ist die Summe relativ groß, weil die Motoren unterschiedliche Anfangswinkel für die Unwuchten besitzen ($\varphi_1 = 0, \varphi_2 = \pi/3 = 1,0472$ rad).

Leider ist das Spektrogramm hier nicht in Farbe dargestellt und die hohen und tiefen Werte erhalte gleiche dunkle Grauwerte.

3.3 Vorschläge für weitere Simulationsexperimente

Die gezeigten Modelle können im Hinblick auf konkrete Anwendungen für weitere Experimente erweitert werden.

So z.B. kann das Modell der zwei Unwuchtmotoren auf Feder-Masse-System für den Fall eines einzigen Motors leicht umgewandelt werden. Mit geschickt gewählten Parametern kann das Modell direkt diesen Fall nachbilden. Wenn der Widerstand R_2 des zweiten Motors sehr groß gewählt wird ($R_2 = 10000\Omega$) erhält er praktisch keinen Strom und wird sich nicht bewegen und am Verhalten des Systems nicht beteiligen.

Eine andere interessante Untersuchung wäre den Auslauf nicht mit unterbrochenen Eingangskreis einzuleiten, sondern durch das Kurzschliessen der Motorklemmen oder das Schließen eines Wiederstandes. Der Motor wird Generator und ihm ist sehr schnell die akkumulierte, kinetische Energie entzogen.

Eine realistische Annahme, dass der Strom begrenzt ist, kann auch relativ leicht nachgebildet werden. Man müsste allerdings das Modell neu aufbauen, so dass der Strom der Motoren zugänglich ist. Mit ein bisschen Mühe, können alle Teile separat modelliert werden, was zu zusätzliche Erweiterungsmöglichkeiten führen kann.

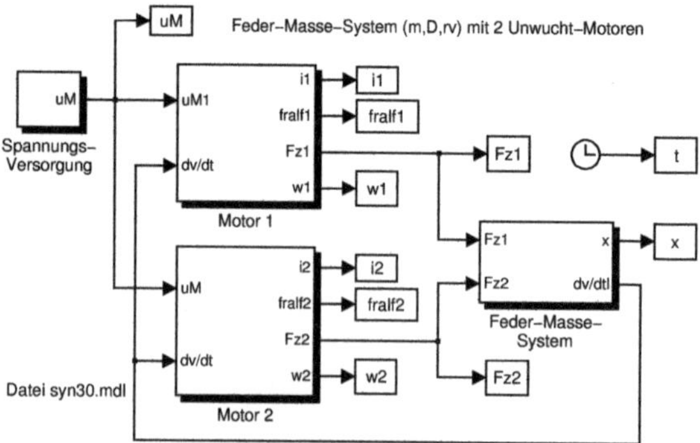

Abb. 3.10: *Simulink-Modell aus getrennten Teilen aufgebaut* (unwucht_4.mdl, unwucht_ini4.m)

3.3.1 Simulink-Modell mit Untermodellen der Hauptkomponenten

Abb. 3.10 zeigt das Simulink-Modell, in dem mit vier Untermodellen das System aufgebaut ist. Sie sind in den Blöcken, die mit Schatten hervorgehoben sind, enthalte. Das erste ganz links oben enthält das Modell für die Erzeugung der Motorspannung, wie in Abb. 2.13 gezeigt.

In zwei zusammengefassten Modellen werden die Motore simuliert. Wenn man mit der Maus drauf klickt erhält man z.B. für den `Motor 1` das Modell aus Abb. 3.11. Als

Eingänge sind hier die Spannung uM1 und die Beschleunigung dv/dt vorgesehen. Das Untermodell liefert als Ausgänge die Variablen fralf1, w1 und Fz1. Die erste von diesen stellt den Winkel $\alpha_1(t)$ vom Ausgang des zweiten Integrators (Winkel des Motors 1) in Form von Modulo(1) dar. Mit w1 wird die Kreisgeschwindigkeit $\omega_1(t)$ bezeichnet und Fz1 stellt die Fliehkraft des Motors 1 dar. In den Funktionsblöcken sieht man die nachgebildeten Beziehungen, wobei u(1),u(2) die Eingänge dieser Blöcke sind, die über *Mux*-Blöcke zusammengefasst wurden.

Für den Motor 2 gilt ein ähnliches Modell, das hier nicht mehr gezeigt wird.

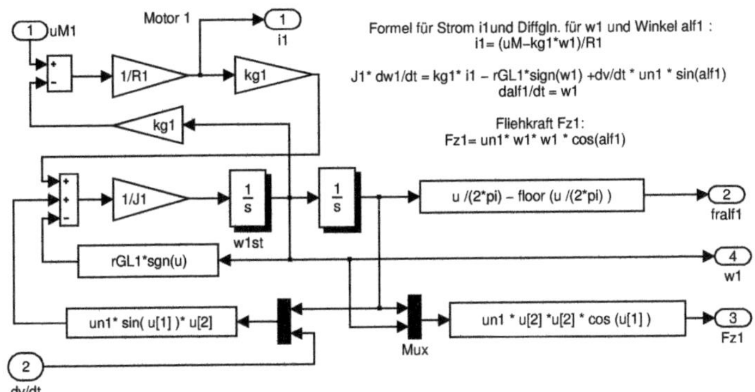

Abb. 3.11: *Modell des Motors 1* (unwucht_4.mdl, unwucht_ini4.m)

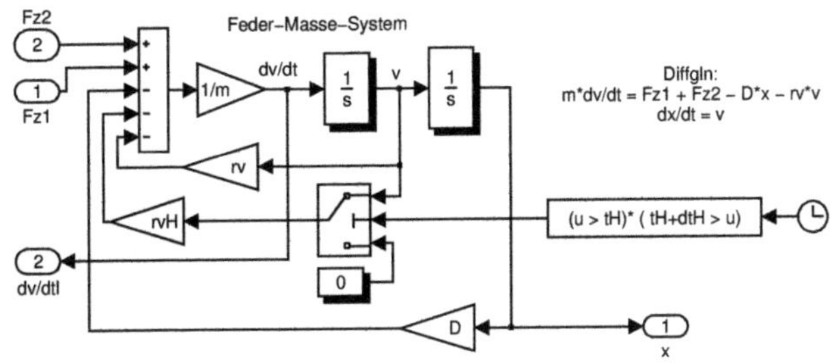

Abb. 3.12: *Modell des Feder-Masse-Systems* (unwucht_4.mdl, unwucht_ini4.m)

Das letzte Untermodell aus Abb. 3.10 ganz rechts ist das Feder-Masse-System, das die Dynamik des Feder-Masse-Systems mit dem Modell aus Abb. 3.12 nachbildet. Als Eingangsvariablen sind hier die Fliehkräfte der Motoren und als Ausgangsvariablen werden die Beschleunigung dv/dt (unten links) und die Lage x geliefert.

Hier wird auch mit einem kleinen Trick die Möglichkeit simuliert, zu einem bestimmten Zeitmoment die Plattform des Feder-Masse-Systems nahezu zu blockieren und somit die Schwingungen zu stoppen bzw. so den Motoren die Möglichkeit hochzufahren einräumen.

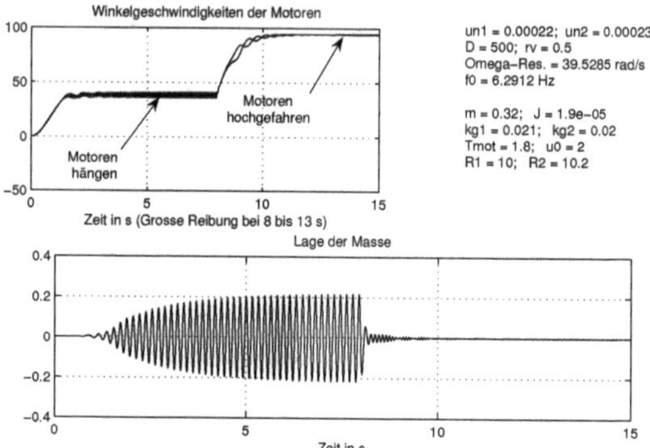

Abb. 3.13: *Winkelgeschwindigkeiten der Motoren und Lage des Feder-Masse-Systems* (unwucht_4.mdl, unwucht_ini4.m)

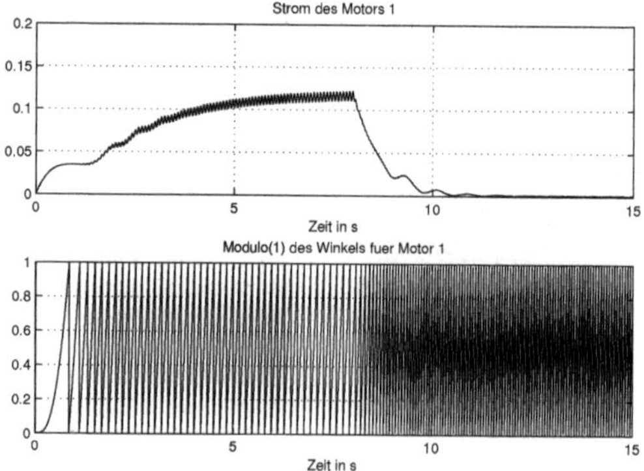

Abb. 3.14: *Strom und Modulo(1) des Winkels für Motor 1* (unwucht_4.mdl, unwucht_ini4.m)

Die Zeit, geliefert durch den *Clock*-Block (ganz rechts), dient der Bildung des Signals zum Umschalten auf eine sehr große viskose Reibung rvH im Zeitintervall definiert durch tH bis tH+dtH, die als Parameter definiert sein müssen.

Abb. 3.13 zeigt oben die Winkelgeschwindigkeiten der Motoren, die am Anfang sich mit der Eigenfrequenz des Feder-Masse-Systems synchronisieren und nicht ihre korrekte Drehzahl erreichen. Zum Zeitpunkt `tH` hier bei 8 Sekunden wird die große Reibung zugeschaltet und die Plattform bleibt praktisch stehen, sie schwingt nicht mehr, wie man aus der Darstellung der Lage der Masse feststellen kann. Die Motoren, von der Synchronisation befreit, können beschleunigen und erreichen die ideale Drehgeschwindigkeit.

Die große Reibung dauert `dtH` 5 Sekunden und danach wird die Plattform sozusagen freigelassen. Die Motoren sind jetzt so synchronisiert, dass die annähernd gleiche Unwuchten entgegengesetzte Fliehkräfte bilden und die Plattform weiterhin ruhig bleibt.

Diese Form des Modells hat den Vorteil, dass alle Variablen explizit verfügbar sind und es ist sehr einfach z.B. eine Strombegrenzung im Modell einzubauen. Auch für die Darstellungen sind alle Variablen $i_1(t), i_2(t), \alpha_1(t), \alpha_2(t), \omega_1(t) = d\alpha_1(t)/dt, \ldots$ etc. und die Zeit t verfügbar, weil sie in *To Workspace*-Senken eingefangen wurden. Das sind die viereckigen Blöcke, die den Namen der entsprechenden Variablen enthalten. Abb. 3.14 ist z.B. einfach mit folgender Programmsequenz erzeugt:

```
figure(3);    clf;
subplot(211), plot(t, i1);
title('Strom des Motors 1');
xlabel('Zeit in s');    grid

subplot(212), plot(t, fralf1);
title('Modulo(1) des Winkels fuer Motor 1');
xlabel('Zeit in s');    grid
```

Interessant zu bemerken ist, dass im Zustand der Synchronisation mit der Eigenfrequenz der Strom relativ hohe Werte einnimmt, weil die induzierte Spannung wegen der Begrenzung der Drehgeschwindigkeit relativ klein ist. Nacher im hochgefahrenen Zustand ist die induzierte Spannung größer ($t > 10$ s) und der Strom ist wesentlich kleiner.

Kapitel 4

Physikalisches Experiment

Die Sachverhalte, die im Kapitel 3 mit Hilfe von mathematischen Modellen untersucht wurden, können auch relativ einfach experimentell mit physikalischen Aufbau überprüft werden.

Abb. 4.1 zeigt die Anordnung mit der experimentiert wird. Das Feder-Masse-System besteht aus zwei Blattfedern (Parallel-Feder-System) mit einer gesamten Federkonstante D. Diese zwei Federn erlauben eine Bewegung nur in einer Richtung, ohne dass eine Führung notwendig ist. Die Dämpfung des Systems wird mit einem Dämpfungsbügel aus Teppichbodenbelag erzeugt.

Auf der oberen Platte (Plattform) ist links und rechts je ein Unwucht-Gleichstrom-Motor angebracht. In der Ruhelage sind die Blattfedern vertikal ausgerichtet. Gezeichnet ist eine um die Strecke (Lage) $x(t)$ ausgelenkte obere Platte. Die schwingende Masse m besteht aus der oberen Platte und den Motoren. Die Unwuchten der Motoren werden mit Hilfe der Mutterschraube eingestellt.

Die Auslenkung $x(t)$ der Schwingenden Masse wird mit der links gezeigten Piezo-Elektronik gemessen. Die Auslenkung krümmt die Blattfeder und damit auch die aufgeklebte Piezoscheibe. Bei dieser Krümmung erzeugt die Piezoscheibe eine elektrische Ladung, die proportional der Auslenkung $x(t)$ ist. Mit Hilfe eines Operationsverstärkers mit FET[1]-Eingangsstufe (TL081), der als Ladungsverstärker geschaltet ist, wird die Ladung in eine Spannung ($u_x(t)$) umgewandelt, die gemessen wird.

Die Motoren haben je eine mitrotierende Scheibe mit einem Schlitz. Der Schlitz hat die gleiche Winkellage wie die Unwuchtschraube. Mit einer aus Leuchtdiode und Fototransistor bestehenden Gabellichtschranke wird die Winkelposition des Schlitzes und damit die Winkellage der Unwucht detektiert.

Der Aufbau, der in Abb. 4.1 unten gezeigt ist, enthält nicht den Dämpfungsbügel, der aber leicht angebracht werden kann. Derselbe Aufbau kann auch für andere Experimente eingesetzt werden und von diesem ist die mittlere Säule mit einer Spule übrig geblieben. Die Spule zusammen mit einem Permanentmagnet-Stab dient der forcierten Anregung des Feder-Masse-Systems. Wenn die Spule über ein Leistungsverstärker sinusförmig angeregt wird, kann man das Experiment aus 2.2 simulieren.

---

[1] *Field-Effect-Transistor*